Dr. P. Umapathi Reddy
K Naresh

SISTEMA DE AUTO-IRRIGAÇÃO SOLAR COM TECNOLOGIA DE SENSORES DE HUMIDADE DO SOLO

Dr. P. Umapathi Reddy
K Naresh

SISTEMA DE AUTO-IRRIGAÇÃO SOLAR COM TECNOLOGIA DE SENSORES DE HUMIDADE DO SOLO

energia solar

Imprint

Any brand names and product names mentioned in this book are subject to trademark, brand or patent protection and are trademarks or registered trademarks of their respective holders. The use of brand names, product names, common names, trade names, product descriptions etc. even without a particular marking in this work is in no way to be construed to mean that such names may be regarded as unrestricted in respect of trademark and brand protection legislation and could thus be used by anyone.

Cover image: www.ingimage.com

This book is a translation from the original published under ISBN 978-620-7-65179-5.

Publisher:
Sciencia Scripts
is a trademark of
Dodo Books Indian Ocean Ltd. and OmniScriptum S.R.L publishing group

120 High Road, East Finchley, London, N2 9ED, United Kingdom
Str. Armeneasca 28/1, office 1, Chisinau MD-2012, Republic of Moldova, Europe
Printed at: see last page
ISBN: 978-620-7-89221-1

SISTEMA DE AUTO-IRRIGAÇÃO SOLAR COM TECNOLOGIA DE SENSORES DE HUMIDADE DO SOLO

SISTEMA DE AUTO-IRRIGAÇÃO SOLAR COM TECNOLOGIA DE SENSORES DE HUMIDADE DO SOLO

2

Autores
Dr. P. Umapathi Reddy
Professor
Engenharia Eletrotécnica e Eletrónica
Mohan Babu University, Tirupati, Andhra Pradesh, Índia

Sr. K. Naresh
HOD-EEE e Professor Associado
de Engenharia Eléctrica e Eletrónica
Faculdade de Engenharia e Tecnologia Usha Rama, Autónoma
Telaprolu, Vijayawada, Andhra Pradesh, Índia

CAPÍTULO-1

INTRODUÇÃO

A economia indiana é uma das maiores economias em desenvolvimento do mundo. O sector agrícola é o que mais contribui para a economia indiana. Para conseguir a máxima utilização da mão de obra e obter o máximo lucro num determinado período de tempo, é necessário atualizar as várias técnicas de engenharia que são utilizadas atualmente. Assim, a manutenção de uma quantidade adequada de água no solo é um dos requisitos necessários para a obtenção de uma boa colheita, que pode ser uma fonte de vários tipos de nutrientes, micro ou macro, para o seu crescimento correto.

Como sabemos, nos campos agrícolas é difícil controlar manualmente as bombas de água. É necessário permanecer nos campos para as ligar e desligar. Em muitos países onde a eletricidade é o principal problema, os habitantes das aldeias não dispõem normalmente de eletricidade. Nesse caso, a energia solar é utilizada para alimentar as bombas de água. No sistema de irrigação automática por energia solar, o controlador de carga solar é utilizado para armazenar a energia dc dos painéis solares em baterias. Esta bateria armazenada é utilizada para alimentar automaticamente as bombas de água. Explicarei mais tarde o que se entende por "automaticamente".

Se falarmos dos agricultores indianos, eles são os mais atingidos pela fome que ocorre devido ao fracasso das colheitas em função de vários factores de seca. A chuva desempenha um papel fundamental na decisão do futuro destas culturas, bem como dos agricultores, todos os anos. A utilização excessiva das águas subterrâneas reduziu drasticamente o seu nível nos últimos 15 anos. Por isso, é necessário utilizar cada gota de água de forma sensata para que possa ser utilizada também pelas gerações vindouras. Além disso, devemos desenvolver novos métodos que utilizem as fontes de energia renováveis.

O desenvolvimento destas novas técnicas vai permitir atingir o nosso objetivo de desenvolvimento sustentável e reduzir ao mínimo as emissões de gases com efeito de estufa. Como o nome do nosso projeto é SISTEMA DE IRRIGAÇÃO AUTOMÁTICA COM ENERGIA SOLAR, com a ajuda da energia solar é um passo para utilizar algumas novas técnicas de engenharia.

1.1 PRINCÍPIO BÁSICO DO SISTEMA DE IRRIGAÇÃO AUTOMÁTICA ALIMENTADO POR ENERGIA SOLAR

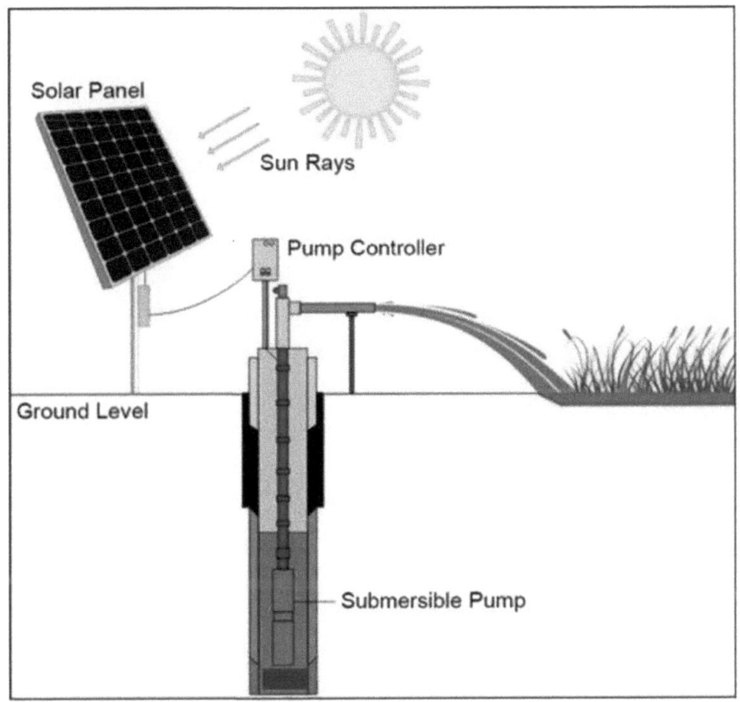

Figura 1. Disposição do sistema de irrigação por energia solar

Esta técnica será uma opção muito boa para os pequenos e médios agricultores que sofrem todos os anos devido ao fracasso das colheitas que ocorrem todos os anos. A aplicação desta tecnologia tem um vasto campo de ação num futuro próximo.

1.2 OBJECTIVO

O principal objetivo deste projeto era conceber um sistema de rega em pequena escala que utilizasse a água de forma mais organizada, a fim de evitar perdas excessivas de água e minimizar o custo da mão de obra. Os seguintes aspectos foram considerados na escolha da solução de projeto

• Custo de instalação

• Poupança de água

- Intervenção humana

- Fiabilidade

- Consumo de energia

- Manutenção

- Expansibilidade

Uma consideração crítica nos custos do segmento, uma vez que os custos definem a viabilidade e a exequibilidade de um projeto. A economia de água também foi uma caraterística importante, uma vez que há uma demanda para diminuir a perda de água e para maximizar a eficiência utilizada. O consumo de energia também deve ser monitorizado.

1.3 CENÁRIO ACTUAL

As estufas na Índia estão a ser instaladas nas regiões de elevada altitude, onde a temperatura abaixo de zero, até -40° C, torna quase impossível qualquer tipo de plantação, e nas regiões áridas, onde as condições para o crescimento das plantas são hostis.

1.4 MODELO PROPOSTO PARA A REGA AUTOMÁTICA:

Atualmente, os agricultores que trabalham no sector agrícola enfrentam muitos problemas para deitar água nos seus campos e manter as suas culturas verdes, especialmente no verão. Isso deve-se ao facto de não terem uma ideia correcta da disponibilidade de energia. Mesmo que esteja disponível, têm de esperar até que o campo seja devidamente regado. Assim, este procedimento leva-os a deixar de fazer outras coisas. Mas há uma solução, nomeadamente o "sistema de irrigação automática movido a energia solar"

A maior parte da população indiana depende da agricultura e, devido a isso, a economia do nosso país depende principalmente da agricultura, pelo que uma irrigação adequada é imprescindível para uma agricultura eficiente e, consequentemente, podemos melhorar a economia do nosso país. Podemos conseguir isso com a ajuda de vários dispositivos electrónicos e, utilizando-os, podemos conseguir uma irrigação adequada no campo de forma automática. Para a automatização, são necessárias várias ferramentas de hardware e software, como vários tipos de sensores para verificar o estado do campo e o módulo GSM para a comunicação sem fios. No domínio da agricultura, a utilização de um método de irrigação adequado é importante porque a principal razão é a falta de chuvas e a escassez de água nos reservatórios de terra.

A extração contínua de água da terra está a reduzir o nível da água, o que faz com que muitas terras estejam a entrar lentamente nas zonas de terra não irrigada. Outra razão muito importante é a utilização não planeada da água, devido à qual uma quantidade significativa de água é desperdiçada.

CAPÍTULO - 2

FUNCIONAMENTO DO SISTEMA DE REGA AUTOMÁTICA ALIMENTADO POR ENERGIA SOLAR

2.1 Diagrama de blocos:

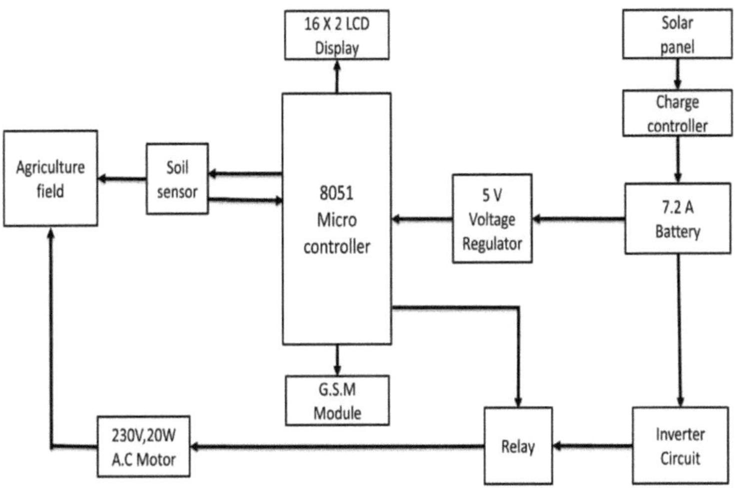

Figura 2. Diagrama de blocos do sistema de rega automática alimentado por energia solar

Para realizar esta tarefa, estamos a utilizar um sensor de humidade do solo e um módulo GSM. Os sensores de humidade do solo serão colocados no interior do campo e serão ligados ao microcontrolador. O sensor de humidade detecta continuamente o teor de humidade do solo e envia-o para o microcontrolador, onde o valor do teor de humidade é comparado com o nível predefinido. Agora, sempre que o nível de humidade for inferior ao nível predefinido, o microcontrolador enviará um comando para ativar a bomba de água.

Ao mesmo tempo, o microcontrolador activará o módulo GSM, que enviará uma mensagem de feedback ao utilizador, indicando que a "Bomba está ligada". Depois de o motor arrancar e começar a fornecer água ao campo, o sensor de humidade detecta simultaneamente o teor de humidade e envia os dados para o microcontrolador. Uma vez que o campo está a ser abastecido de água, o nível de humidade do campo começa a aumentar, este aumento do teor de humidade é novamente comparado com um nível de humidade predefinido. Quando atingir o nível de humidade predefinido, a bomba desliga-se automaticamente.

Neste sistema proposto, a energia solar é utilizada para acionar a bomba de irrigação. Este projeto é construído com peças de sensores, que são recolhidas utilizando um amplificador operacional IC. Estes são concebidos aqui como um comparador. Dois fios de cobre são injectados no solo para detetar o estado do solo, se está seco ou húmido. Neste projeto, é utilizado um microcontrolador para controlar todo o sistema através da deteção dos sensores.

Quando os sensores detectam o estado do solo como tendo sede, o comparador envia o comando para o microcontrolador e também envia comandos para o CI do relé, que repete o motor para conduzir a água para as culturas. Aqui, o comparador funciona como uma interface entre o microcontrolador e o dispositivo de deteção.

Neste projeto, é utilizado um microcontrolador para controlar todo o sistema através da deteção dos sensores. Quando os sensores detectam a condição do solo como tendo sede, o comparador envia o comando para o microcontrolador e também envia comandos para o CI do relé, que repete o motor para conduzir a água para as culturas. Aqui, o comparador funciona como uma interface entre o microcontrolador e o dispositivo de deteção.

O estado do solo e da bomba de água é mostrado no LCD que está ligado ao microcontrolador. Do mesmo modo, quando o sensor de humidade detecta que o solo está molhado, o microcontrolador envia as instruções ao relé para desligar o motor. Além disso, este projeto pode ser desenvolvido através da ligação a um modem GSM para obter o controlo do funcionamento do motor.

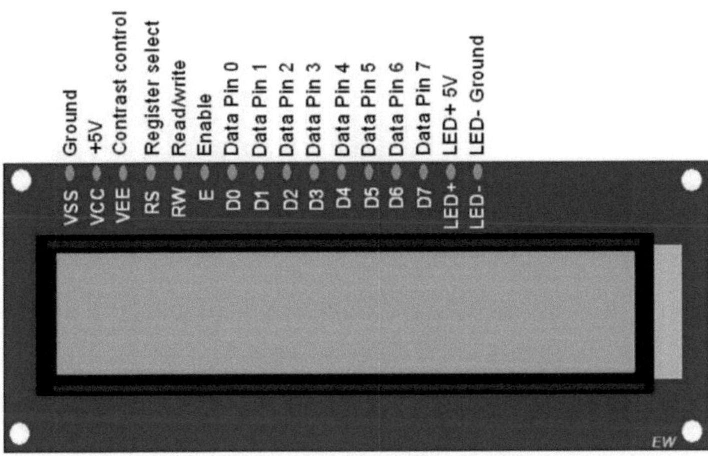

Figura 3. Ecrã LCD

O estado do solo e da bomba de água é mostrado no LCD que está ligado ao microcontrolador. Do mesmo modo, quando o sensor de humidade detecta que o solo está molhado, o microcontrolador envia as instruções ao relé para desligar o motor. Além disso, este projeto pode ser desenvolvido através de uma interface com um modem GSM para obter controlo sobre o funcionamento de comutação do motor. Assim, este projeto é sobre o sistema de irrigação automática alimentado por energia solar. Ao utilizar este projeto, optimiza-se a utilização da água, reduzindo a intervenção humana dos agricultores.

O principal objetivo deste sistema de irrigação automática alimentado por energia solar é desenvolver um sistema de irrigação no campo agrícola com a ajuda da energia solar.

2.2 Esquema do circuito:

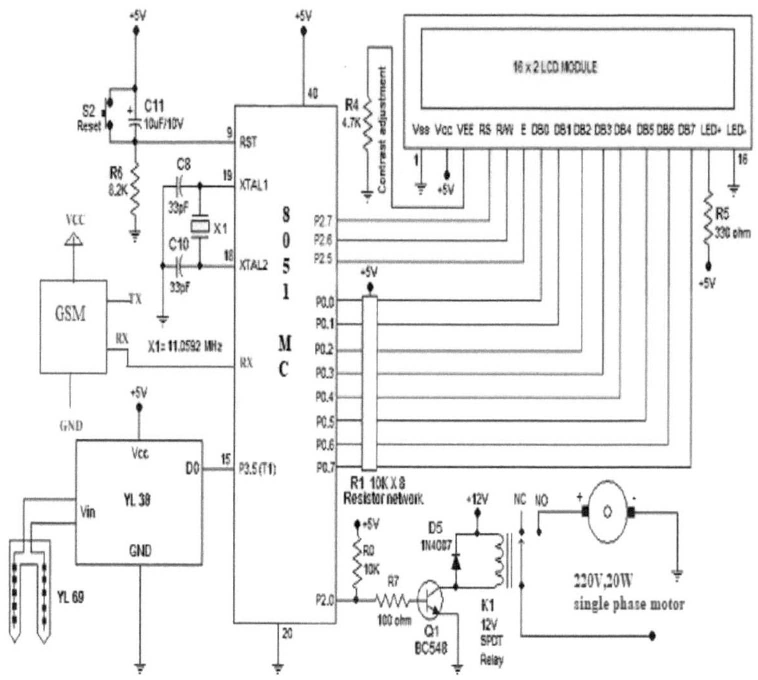

Figura 4. Diagrama do circuito do sistema de rega automática alimentado por energia solar

O principal objetivo deste projeto é desenvolver um sistema de irrigação no domínio da agricultura utilizando a energia solar. Os componentes necessários são: microcontrolador 8051, mini bomba submersível de 230V AC, modem GSM, LCD, painel solar, MOSFET, relé, motor, regulador de tensão, díodos, condensadores, resistências, LED, cristal e transístores.

A fonte de alimentação é composta por um transformador abaixador, um retificador de ponte e um regulador de tensão. Em que o transformador abaixador reduz a tensão para 12 V CA, e um retificador de ponte converte CA em CC, depois um regulador de tensão regula a tensão para 5 V que é utilizada para o funcionamento do microcontrolador.

Neste projeto de Sistema de Irrigação Automática Alimentado por Energia

Solar, utilizamos a energia solar para ativar a bomba de irrigação. O diagrama de blocos é composto por peças de sensores, que são montados usando IC opamp. Os op-amp's são concebidos aqui como um comparador. Dois fios de cobre são injectados no solo para detetar o estado do solo, se está húmido ou seco.

Neste projeto, é utilizado um microcontrolador para controlar todo o sistema através da observação dos sensores. Quando os sensores detetam que o solo está seco, o comparador envia o comando para o microcontrolador e também envia instruções para o CI que aciona o relé, lembrando o motor de bombear água para as plantações.

Aqui, o comparador actua como interface entre o dispositivo de deteção e o microcontrolador. O estado do solo e da bomba de água é apresentado no LCD que está ligado ao microcontrolador. Do mesmo modo, quando o sensor detecta que o solo está molhado, o microcontrolador envia instruções ao relé para desligar o motor.

Além disso, este projeto pode ser melhorado através de uma interface com um modem GSM para obter controlo sobre o funcionamento de comutação do motor.

2.3 Microcontrolador 8051

1) Os 8051 têm 128 bytes de RAM
2) Os 8051 têm 128 sinalizadores definidos pelo utilizador
3) é constituído por um barramento de endereços de 16 bits
4) é também constituído por 3 interrupções internas e duas externas
5) menor consumo de energia do 8051 em relação a outros microcontroladores
6) consiste num contador de programa de 16 bits e num ponteiro de dados
7) O 8051 pode processar 1 milhão de instruções de um ciclo por segundo
8) é também constituído por 32 registos de uso geral, cada um com 8 bits

9) A ROM do 8051 tem 4 Kbytes de tamanho
10) Também é composto por dois temporizadores/contadores de 16 bits

O número de peça genérico do microcontrolador inclui, na verdade, toda uma família de microcontroladores que têm números que variam de 8031 a 8751 e estão disponíveis em construção de Silício de Óxido de Metal de Canal N (NMOS) e Silício de Óxido de Metal Complementar (CMOS) numa variedade de tipos de pacotes.

Um microcontrolador é um pequeno computador num único circuito integrado que integra todas as características que se encontram no microprocessador. A fim de servir diferentes aplicações, tem uma elevada concentração de recursos na pastilha, tais como RAM, ROM, portas I/O, temporizadores, porta série, circuito de relógio e interrupções.

Os microcontroladores são utilizados em vários dispositivos controlados automaticamente, como controlos remotos, sistemas de controlo de motores de automóveis, dispositivos médicos, ferramentas eléctricas, máquinas de escritório, brinquedos e outros sistemas incorporados. Por conseguinte, este artigo apresenta uma panorâmica do diagrama de pinos do microcontrolador 8051.

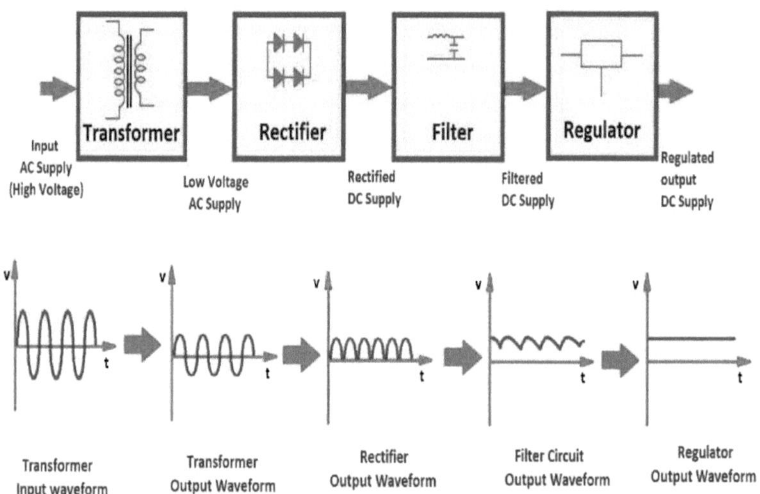

Figura 5. Fonte de alimentação regulada

No caso do microprocessador, temos de ligar externamente circuitos adicionais, como RAM, ROM, portas I/O, temporizadores, porta série, circuito de relógio e outros periféricos externos, ao passo que no microcontrolador todos estes periféricos estão incorporados. Vejamos brevemente o diagrama de pinos do microcontrolador 8051.

CAPÍTULO - 3

DETALHES DO HARDWARE

3.1 Transformador

O transformador é um dispositivo que transfere energia eléctrica de um circuito elétrico para outro circuito elétrico através de um campo magnético e sem alteração da frequência. O circuito elétrico que recebe energia da rede de alimentação é designado por enrolamento primário e o outro circuito que fornece energia eléctrica à carga é designado por enrolamento secundário.

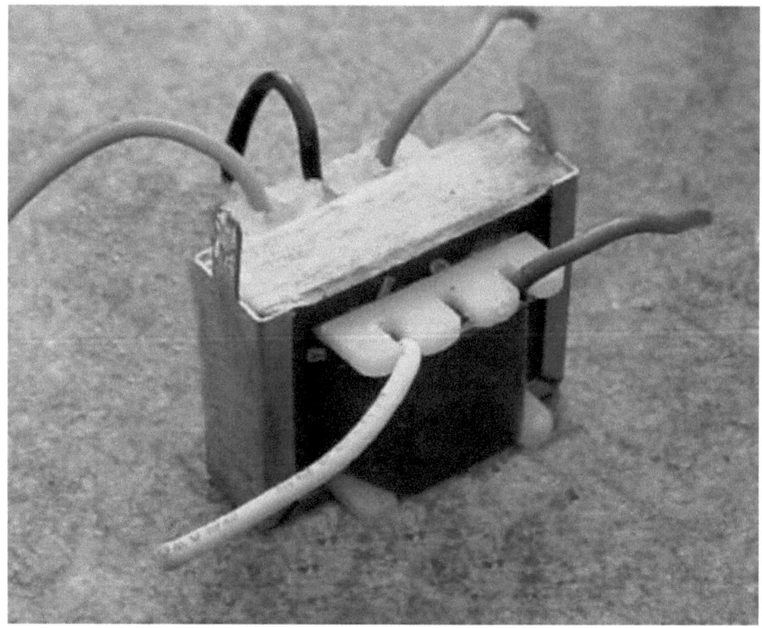

Figura 6. Núcleo do transformador

Este é, de facto, um dispositivo muito útil. Com ele, podemos facilmente multiplicar ou dividir a tensão e a corrente em circuitos de corrente alternada. De facto, o transformador tornou a transmissão de energia eléctrica a longa distância uma realidade prática, uma vez que a tensão CA pode ser "aumentada" e a corrente "diminuída" para reduzir as perdas de energia da resistência dos fios ao longo das linhas eléctricas que ligam as estações de produção às cargas. Em ambas as extremidades (tanto no gerador como nas cargas), os níveis de tensão são reduzidos por transformadores para um funcionamento mais seguro e equipamento menos dispendioso. Um transformador que aumenta a tensão do primário para o secundário (mais voltas do enrolamento secundário do que voltas do enrolamento primário) é designado por transformador *elevador*. Por outro lado, um transformador concebido para fazer exatamente o contrário é designado por transformador *abaixador*.

Este é um transformador abaixador, como evidenciado pela alta contagem de voltas do enrolamento primário e a baixa contagem de voltas do secundário. Como unidade de redução, este transformador converte energia de alta tensão e baixa corrente em energia de baixa tensão e alta corrente. O fio de maior calibre utilizado no enrolamento secundário é necessário devido ao aumento da corrente. O enrolamento primário, que não tem de conduzir tanta corrente, pode ser feito de fio de menor calibre.

Caso esteja a pensar nisso, *é* possível operar qualquer um destes tipos de transformadores ao contrário (alimentando o enrolamento secundário com uma fonte de CA e deixando o enrolamento primário alimentar uma carga) para executar a função oposta: um step-up pode funcionar como um step-down e vice-versa.

No entanto, como vimos na primeira secção deste capítulo, o funcionamento eficiente de um transformador requer que as indutâncias de cada enrolamento sejam concebidas para intervalos de funcionamento específicos de tensão e corrente, pelo que, se um transformador for utilizado "ao contrário" como este, deve ser utilizado dentro dos parâmetros originais de tensão e corrente para cada enrolamento, para que não se revele ineficiente (ou para que não seja *danificado* por tensão ou corrente excessivas).

3.2 Capacidade de potência

Como já foi observado, os transformadores devem ser bem concebidos para obter um acoplamento de potência aceitável, uma regulação rigorosa da tensão e uma baixa distorção da corrente de excitação. Além disso, os transformadores devem ser projectados para suportar os valores esperados de corrente dos enrolamentos primário e secundário sem qualquer problema. Isto significa que os condutores do enrolamento devem ser feitos com o fio de calibre adequado para evitar quaisquer problemas de aquecimento.

Um transformador ideal teria um acoplamento perfeito (sem indutância de fuga), uma regulação perfeita da tensão, uma corrente de excitação perfeitamente sinusoidal, sem histerese ou perdas por correntes de Foucault e um fio suficientemente espesso para suportar qualquer quantidade de corrente. Infelizmente, o transformador ideal teria de ser infinitamente grande e pesado para cumprir estes objectivos de conceção. Assim, na prática do projeto de transformadores, é necessário fazer compromissos.

Além disso, o isolamento do condutor do enrolamento é uma preocupação quando são encontradas tensões elevadas, como acontece frequentemente nos transformadores de distribuição de energia com intensificação e redução. Não só os enrolamentos têm de estar bem isolados do núcleo de ferro, como cada enrolamento tem de estar suficientemente isolado do outro, de modo a manter o isolamento elétrico entre enrolamentos.

Respeitando estas limitações, os transformadores são classificados para determinados níveis de tensão e corrente do enrolamento primário e secundário, embora a classificação da corrente seja normalmente derivada de uma classificação voltamp (VA) atribuída ao transformador.

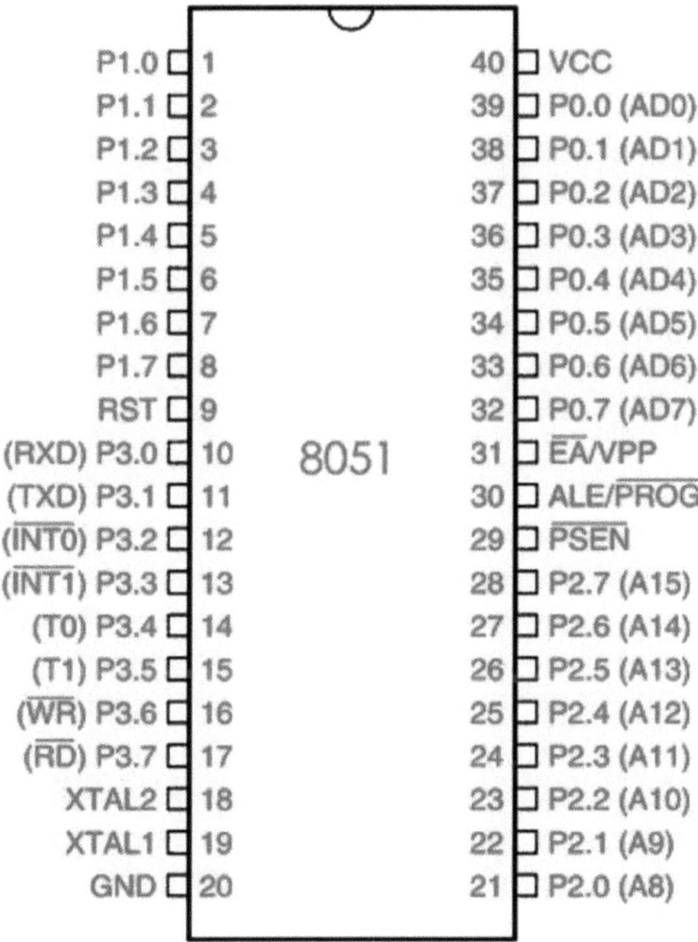

Figura 7. Diagrama de pinos do 8051

O número de peça genérico do microcontrolador inclui, na verdade, toda uma família de microcontroladores que têm números que variam de 8031 a 8751 e estão disponíveis em construção de Silício de Óxido de Metal de Canal N (NMOS) e Silício de Óxido de Metal Complementar (CMOS) numa variedade de tipos de pacotes.

Um microcontrolador é um pequeno computador num único circuito integrado que integra todas as características que se encontram no microprocessador. A fim de servir diferentes aplicações, tem uma elevada concentração de recursos na pastilha, tais como RAM, ROM, portas I/O, temporizadores, porta série, circuito de relógio e interrupções.

Os microcontroladores são utilizados em vários dispositivos controlados automaticamente, como controlos remotos, sistemas de controlo de motores de automóveis, dispositivos médicos, ferramentas eléctricas, máquinas de escritório, brinquedos e outros sistemas incorporados. Por conseguinte, este artigo apresenta uma visão geral do diagrama de pinos do microcontrolador 8051.

No caso do microprocessador, temos de ligar externamente circuitos adicionais, tais como RAM, ROM, portas I/O, temporizadores, porta série, circuito de relógio e outros periféricos externos, enquanto no microcontrolador todos estes periféricos estão incorporados. Vejamos resumidamente o diagrama de pinos do microcontrolador 8051.

Porta 0:

A porta 0 é uma porta E/S bidirecional de dreno aberto de 8 bits. Como uma porta de saída, cada pino pode absorver oito entradas TTL. Quando 1s são escritos nos pinos da porta 0, os pinos podem ser usados como entradas de alta impedância. A porta 0 também pode ser configurada para ser o barramento multiplexado de endereço/dados de baixa ordem durante os acessos à memória externa de programa e dados. Neste modo, P0 tem pull-ups internos. A porta 0 também recebe os bytes de código durante a programação Flash e emite os bytes de código durante a verificação do programa. São necessários pull-ups externos durante a verificação do programa.

Porta 1:

A Porta 1 é uma porta E/S bidirecional de 8 bits com pull-ups internos. Os buffers de saída da Porta 1 podem ser fonte/ dissipador de quatro entradas TTL. Quando são escritos 1s nos pinos da Porta 1, estes são puxados para cima pelos pull-ups internos e podem ser utilizados como entradas. Como entradas, os pinos do Porto 1 que estão a ser puxados externamente para baixo irão gerar corrente (IIL) devido aos pull-ups internos. A Porta 1 também recebe os bytes de endereço de ordem baixa durante a programação Flash e a verificação do programa.

Porta 2:

A Porta 2 é uma porta E/S bidirecional de 8 bits com pull-ups internos. Os buffers de saída da Porta 2 podem ser fonte/sumidouro de quatro entradas TTL. Quando são escritos 1s nos pinos da Porta 2, estes são puxados para cima pelos pull-ups internos e podem ser utilizados como entradas. Como entradas, os pinos do Porto 2 que estão a ser puxados externamente para baixo irão gerar corrente (IIL) devido aos pull-ups internos. A Porta 2 emite o byte de endereço de ordem alta durante as aquisições da memória de programa externa e durante os acessos à memória de dados externa que utiliza endereços de 16 bits (MOVX@ DPTR). Nesta aplicação, utiliza fortes pull-ups internos quando emite 1s. Durante os acessos à memória de dados externa que utiliza endereços de 8 bits (MOVX @ RI), a Porta 2 emite o conteúdo do Registo de Funções Especiais P2. A Porta 2 também recebe os bits de endereço de ordem alta e alguns sinais de controlo durante a programação e verificação Flash.

Porta 3:

A Porta 3 é uma porta E/S bidirecional de 8 bits com pull-ups internos. Os buffers de saída da Porta 3 podem ser fonte/sumidouro de quatro entradas TTL. Quando 1s são escritos nos pinos da Porta 3, eles são puxados para cima pelos pull-ups internos e podem ser usados como entradas. Como entradas, os pinos da Porta 3 que estão a ser puxados externamente para baixo irão gerar corrente (IIL) devido aos pull-ups.

RST:

RST significa RESET; o 8051 utiliza um pino de reset ativo alto. Tem de estar ativo durante dois ciclos da máquina. O circuito RC simples aqui utilizado fornecerá tensão (vcc) ao pino de reset até que a capacitância comece a carregar-se. Num limiar de cerca de 2,5 V, a entrada de reset atinge um nível baixo e o sistema começa a funcionar.

ALE/PROG:

Impulso de saída de ativação do bloqueio de endereço para bloquear o byte baixo do endereço durante os acessos à memória externa. Este pino é também a entrada do impulso de programa (PROG) durante a programação Flash. Em funcionamento normal, o ALE é emitido a uma taxa constante de 1/6 da frequência do oscilador e pode ser utilizado para efeitos de temporização externa ou de relógio. Note-se, no entanto, que um impulso ALE é ignorado durante cada acesso à memória de dados externa. Se desejado, a operação ALE pode ser desactivada definindo o bit 0 da localização 8EH do SFR. Com o bit definido, o ALE só está ativo durante uma instrução MOVX ou MOVC. Caso contrário, o pino é fracamente puxado para cima. A definição do bit ALEdisable não tem efeito se o microcontrolador estiver no modo de execução externa.

PSEN:

Program Store Enable é o sinalizador de leitura para a memória de programa externa. Quando o AT89C51 está a executar código a partir da memória de programa externa, a PSEN é activada duas vezes em cada ciclo de máquina, exceto que duas activações da PSEN são ignoradas durante cada acesso à memória de dados externa.

EA/VPP:

A ativação de acesso externo EA tem de ser ligada a GND para permitir que o dispositivo vá buscar código a localizações de memória de programa externas a partir de 0000H até FFFFH. Note, no entanto, que se o bit de bloqueio 1 for programado, EA será bloqueado internamente na reinicialização. EA deve ser ligado a V_{cc} para execuções de programas internos. Este pino também recebe a tensão de habilitação de programação de 12 volts (V_{pp}) durante a programação Flash, para peças que requerem V_{pp} de 12 volts.

XTAL1:

Entrada para o amplificador do oscilador inversor e entrada para o circuito de funcionamento do relógio interno.

XTAL2:

Saída do amplificador do oscilador inversor.

Características do oscilador:

Os pinos XTAL1 e XTAL2 são fornecidos para ligar uma rede ressonante para formar um oscilador. A frequência do cristal é a frequência básica do relógio interno. As frequências máxima e mínima são especificadas de 1 a 24MHZ.

As instruções do programa podem necessitar de um, dois ou quatro ciclos de máquina para serem executadas, consoante o tipo de instruções. Para calcular o tempo de execução de uma determinada instrução, é necessário calcular o número de ciclos "C",

T = C*12d / Frequência do cristal

Aqui, escolhemos a frequência de 11,0592MHZ. Isto deve-se ao facto de,

banda= 2*frequência do relógio/(32d. 12d[256d-TH1])

O oscilador é escolhido para ajudar a gerar taxas de transmissão padrão e não padrão. Se forem desejadas taxas de transmissão padrão, deve ser selecionado um cristal de 11,0592MHZ. A partir da nossa taxa padrão desejada, TH1 pode ser calculado.

O valor de capacitância implementado internamente é de 33 pf.

Modo inativo :

No modo inativo, a CPU adormece enquanto todos os periféricos do chip permanecem activos. O modo é invocado por software. O conteúdo da RAM no chip e todos os registos de funções especiais permanecem inalterados durante este modo. O modo inativo pode ser terminado por qualquer interrupção activada ou por um reset de hardware. É de notar que, quando o modo inativo é terminado por uma reinicialização do hardware, o dispositivo retoma normalmente a execução do programa, a partir do ponto em que parou, até dois ciclos de máquina antes de o algoritmo de reinicialização interno assumir o controlo. Neste caso, o hardware integrado inibe o acesso à RAM interna, mas o acesso aos pinos das portas não é inibido.

Para eliminar a possibilidade de uma escrita inesperada num pino de porta quando a inatividade é terminada por reinicialização, a instrução que se segue à que invoca a inatividade não deve ser uma que escreva num pino de porta ou na memória externa.

Modo de desativação :

No modo de desativação, o oscilador é parado e a instrução que invoca a desativação é a última instrução executada. A RAM no chip e os registos de funções especiais mantêm os seus valores até que o modo de desligamento seja terminado. A única saída do modo de desligamento é uma reinicialização de hardware. A reinicialização redefine os SFRs, mas não altera a RAM no chip.

3.3 Transístor
Um transístor é constituído por duas junções p-n formadas pela colocação

de um semicondutor do tipo p ou do tipo n entre um par de tipos opostos. Por conseguinte, existem dois tipos de transístores, nomeadamente o transístor n-p-n e o transístor p-n-p. O transístor que é utilizado como interrutor é conhecido como transístor de comutação. Está disposto no circuito de modo a que a corrente máxima (denominada corrente de saturação) passe através da carga ou a corrente mínima (denominada corrente de fuga do coletor) passe através da carga. Por outras palavras, um transístor de comutação tem dois estados

1. estado ON ou quando a corrente de saturação do coletor flui através da carga.

2. estado desligado ou quando a corrente de fuga do coletor flui através da carga.

A ação de comutação de um transístor pode ser explicada com a ajuda das características de saída. As características estão organizadas em três regiões: regiões OFF, ON ou de saturação e regiões activas.

Quando a tensão de base de entrada é zero ou negativa, diz-se que o transístor está na condição OFF. Nesta condição, $I_{b=0}$ e a corrente de coletor é igual à corrente de fuga de coletor I_{ceo}. Quando a tensão de entrada se torna tão positiva que a corrente de coletor de saturação flui, diz-se que o transístor está na condição ON. É a região que se situa entre as condições OFF e ON. A região ativa é a região instável pela qual passa o funcionamento do transístor ao passar do estado OFF para o estado ON.

Figura 8. Transístor

3.4 Rectificadores de onda completa em ponte

Contém quatro díodos D1, D2, D3 e D4 ligados para formar uma ponte como na figura. A alimentação CA a ser rectificada é aplicada às extremidades diagonalmente opostas da ponte através do transformador. Entre as outras duas extremidades da ponte, a carga é ligada.

Durante o meio-ciclo positivo da tensão secundária, a extremidade P do enrolamento secundário torna-se positiva e a extremidade Q negativa. Isto faz com que os díodos D1 e D3 sejam polarizados para a frente enquanto os outros díodos são polarizados para trás. Por conseguinte, os díodos D1 e D3 conduzirão e em série através da carga. Durante o meio-ciclo negativo da tensão secundária, a extremidade P torna-se negativa e a extremidade Q positiva. Isto faz com que os díodos D2 e D4 sejam polarizados para a frente, enquanto os outros díodos são polarizados para trás. Por conseguinte, estes díodos estarão em série através da carga.

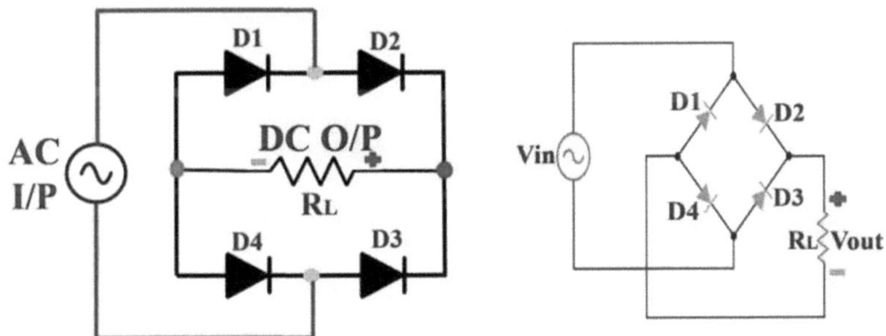

Figura 9. Retificador de onda completa em ponte

3.5 Relé ou interrutor eletromecânico

Trata-se de um interrutor mecânico que é acionado eletricamente para ligar ou desligar a corrente num interrutor elétrico. Algumas das vantagens da utilização de relés são

1. O relé necessita de uma pequena potência para o seu funcionamento. Isto permite controlar uma grande potência na carga através de uma pequena potência no circuito do relé. Assim, um relé actua como um amplificador de potência, ou seja, combina controlo com amplificação de potência.

2. O interrutor na bobina do relé carrega uma pequena corrente em comparação com a corrente de carga. Isto permite a utilização de um interrutor mais pequeno no circuito da bobina do relé.

3. O operador pode ligar ou desligar a alimentação de uma carga mesmo à distância. Esta é uma vantagem muito importante quando é necessário manusear tensões elevadas.

4. Não há perigo de faíscas, uma vez que a ligação ou desligamento é efectuado pelo interrutor da bobina do relé que transporta uma pequena corrente. Mas a velocidade de funcionamento é muito reduzida.

Figura 10. Interruptor eletromecânico

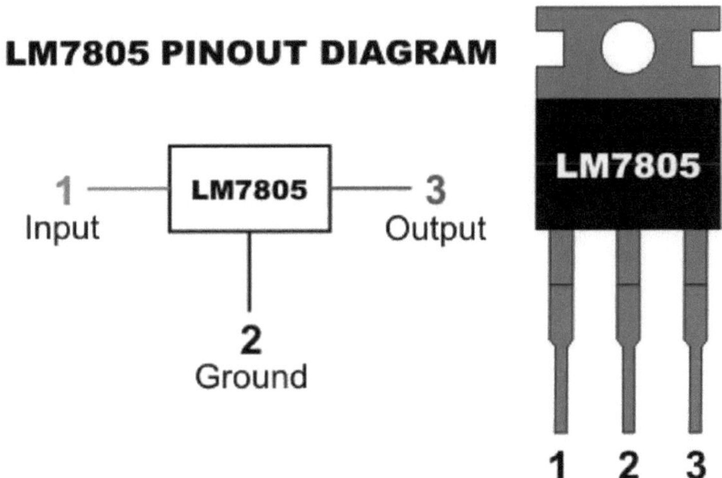

Figura 11. Regulador de tensão

Número do pino	Função	Nome
1	Tensão de entrada (5V-18V)	Entrada
2	Terra (0 V)	Solo
3	Saída regulada; 5V (4,8V-5,2V)	Saída

O 7805 é um circuito integrado regulador de tensão. É um membro da série 78xx de CIs reguladores de tensão linear fixa. A fonte de tensão num circuito pode ter flutuações e não forneceria a tensão de saída fixa. O CI regulador de tensão mantém a tensão de saída num valor constante.

O xx em 78xx indica a tensão de saída fixa que foi concebido para fornecer. O 7805 fornece uma fonte de alimentação regulada de +5V. Podem ser ligados condensadores de valores adequados nos pinos de entrada e saída, consoante os respectivos níveis de tensão.

3.6 Solar

Uma célula solar, ou célula fotovoltaica, é um dispositivo elétrico que converte a energia da luz diretamente em eletricidade através do efeito fotovoltaico, que é um fenómeno físico e químico.

Trata-se de uma forma de célula fotoeléctrica, definida como um dispositivo cujas características eléctricas, como a corrente, a tensão e a resistência, variam quando expostas à luz. Os dispositivos individuais de células solares podem ser combinados para formar módulos, também conhecidos como painéis solares. Em termos básicos, uma célula solar de silício de junção única pode produzir uma tensão máxima de circuito aberto de aproximadamente 0,5 a 0,6 volts.

Os painéis solares fotovoltaicos absorvem a luz solar como fonte de energia para gerar eletricidade. Um módulo fotovoltaico (PV) é um conjunto de células solares fotovoltaicas de 6x10. Os módulos fotovoltaicos constituem a matriz fotovoltaica de um sistema fotovoltaico que gera e fornece eletricidade solar em aplicações comerciais e residenciais.

Figura 12. Ligação lateral solar na agricultura

Cada módulo é classificado de acordo com a sua potência de saída DC em condições de teste padrão (STC), e normalmente varia de 100 a 365 Watts (W). A eficiência de um módulo determina a área de um módulo com a mesma potência nominal - um módulo de 230 W com 8% de eficiência terá o dobro da área de um módulo de 230 W com 16% de eficiência. Existem alguns módulos solares disponíveis no mercado que excedem a eficiência de 22% e, segundo consta, também excedem 24%.

Um único módulo solar pode produzir apenas uma quantidade limitada de energia; a maioria das instalações contém vários módulos. Um sistema fotovoltaico inclui normalmente um conjunto de módulos fotovoltaicos, um inversor, um conjunto de baterias para armazenamento, cablagem de interligação e, opcionalmente, um mecanismo de seguimento solar.

Figura 13. Painéis solares

A energia utilizada para carregar as baterias recarregáveis provém normalmente de um carregador de baterias que utiliza eletricidade da rede eléctrica CA, embora alguns estejam equipados para utilizar a tomada de corrente contínua de 12 V de um veículo. A tensão da fonte deve ser superior à da bateria para forçar o fluxo de corrente para a mesma, mas não muito superior, caso contrário a bateria pode ficar danificada.

Inversor:

Um inversor é um aparelho elétrico que transforma a corrente contínua (CC) em corrente alternada (CA). Não é a mesma coisa que um alternador, que converte energia mecânica (por exemplo, movimento) em corrente alternada.

A corrente contínua é criada por dispositivos como as baterias e os painéis solares. Quando ligado, um inversor permite que estes dispositivos forneçam energia eléctrica a pequenos aparelhos domésticos. O inversor faz isto através de um processo complexo de ajuste elétrico. A partir deste processo, é produzida energia eléctrica AC. Esta forma de eletricidade pode ser utilizada para alimentar uma luz eléctrica, um forno micro-ondas ou qualquer outra máquina eléctrica.

Normalmente, um inversor também aumenta a tensão. Para aumentar a tensão, a corrente tem de ser reduzida, pelo que um inversor utilizará muita corrente no lado DC quando apenas uma pequena quantidade está a ser utilizada no lado AC.

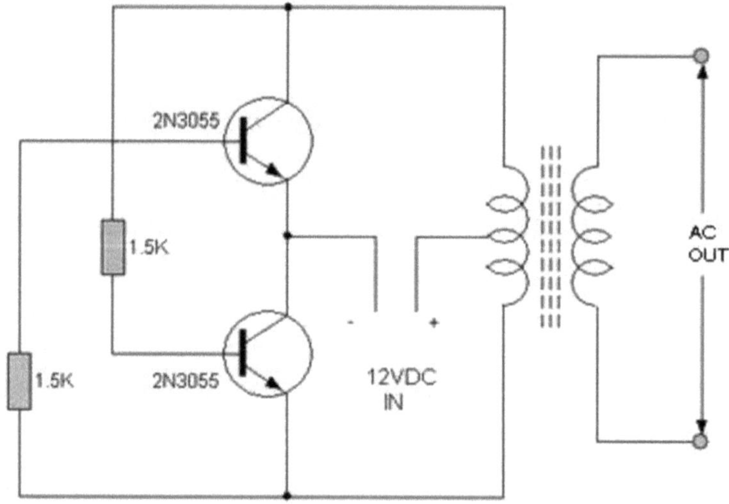

Figura 14. Circuito do inversor

3.7 MOTOR SUBMERSÍVEL:

Uma bomba submersível (ou sub-bomba, bomba submersível eléctrica (ESP)) é um dispositivo que possui um motor hermeticamente selado, acoplado ao corpo da bomba. Todo o conjunto é submerso no fluido a bombear.

A principal vantagem deste tipo de bomba é o facto de evitar as cavitações da bomba, um problema associado a uma grande diferença de elevação entre a bomba e a superfície do fluido. As bombas submersíveis empurram o fluido para a superfície, ao contrário das bombas a jato que têm de puxar os fluidos. As bombas submersíveis são mais eficientes do que as bombas de jato.

Neste projeto, é utilizado um motor submersível de 20W para fornecer água suficiente ao campo agrícola. Está ligado à rede de alimentação através de um cabo eletromagnético. Este motor é ligado e desligado automaticamente em função do teor de humidade do campo agrícola.

Figura 15. Motor submersível

3.8 GSM (Sistema Global para Comunicações Móveis SIM900A):

O principal objetivo do módulo GSM neste projeto é enviar a informação ao agricultor quando o motor no campo agrícola é ligado em função do teor de humidade do solo.

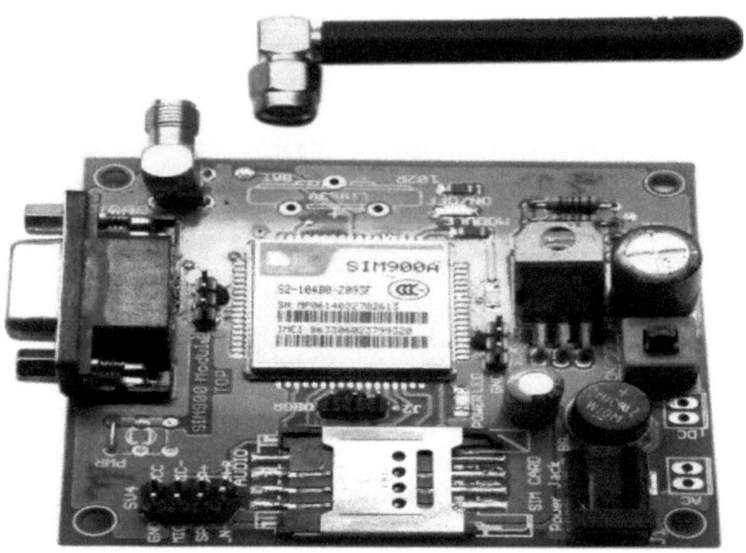

Figura 16. Modelo GSM

O GSM (Global System for Mobile communications) é a tecnologia que está na base da maioria das redes de telemóveis do mundo. A plataforma GSM é uma tecnologia sem fios de enorme sucesso e uma história sem precedentes de realização e cooperação a nível mundial.

A SM tornou-se a tecnologia de comunicações com o crescimento mais rápido de todos os tempos e a norma móvel líder a nível mundial, abrangendo 214 países.

O Sistema Global para Comunicações Móveis (GSM) é a norma mais popular para telemóveis no mundo. O GSM distingue-se dos seus antecessores pelo facto de os canais de sinalização e de voz terem qualidade de chamada digital, pelo que é considerado um sistema de telefonia móvel de segunda geração (2G).

Isto também significa que a comunicação de dados foi fácil de integrar no sistema. A omnipresença da norma GSM tem sido vantajosa tanto para os consumidores (que beneficiam da possibilidade de fazer roaming e mudar de operador sem mudar de telefone) como para os operadores de rede (que podem escolher equipamento de qualquer um dos muitos fornecedores que implementam o GSM). O GSM foi também pioneiro numa alternativa de baixo custo às chamadas de voz, o serviço de mensagens curtas (SMS, também designado por "mensagens de texto"), que é agora também suportado por outras normas móveis. Uma das principais características do GSM é o

Módulo de Identidade do Assinante (SIM), vulgarmente conhecido como cartão SIM.

O SIM é um cartão inteligente destacável que contém as informações de assinatura e a lista telefónica do utilizador. Isto permite que o utilizador conserve as suas informações depois de mudar de aparelho. Em alternativa, o utilizador pode também mudar de operador, mantendo o aparelho, simplesmente mudando o SIM.

Alguns operadores bloqueiam esta possibilidade, permitindo que o telemóvel utilize apenas um único SIM, ou apenas um SIM emitido por eles. Esta prática é conhecida como bloqueio de SIM e é ilegal em alguns países.

3.9 Sensor de humidade do solo:

O Sensor de Humidade do Solo é utilizado para medir o conteúdo volumétrico de água do solo. Isto torna-o ideal para a realização de experiências em cursos como ciências do solo, ciências agrícolas, ciências ambientais, horticultura, botânica e biologia. O sensor de humidade do solo utiliza a capacitância para medir o teor de água do solo (medindo a permissividade dieléctrica do solo, que é uma função do teor de água).

Basta inserir este sensor robusto no solo a ser testado e o conteúdo volumétrico de água do solo é indicado em percentagem.

O sensor de humidade do solo utiliza a capacitância para medir a permissividade dieléctrica do meio circundante. No solo, a permissividade dieléctrica é uma função do teor de água. O sensor cria uma tensão proporcional à permissividade dieléctrica e, por conseguinte, ao teor de água do solo. O sensor calcula a média do teor de água ao longo de todo o comprimento do sensor.

Existe uma zona de influência de 2 cm em relação à superfície plana do sensor, mas tem pouca ou nenhuma sensibilidade nas extremidades. A figura abaixo mostra as linhas do campo eletromagnético ao longo de uma secção transversal do sensor, ilustrando a zona de influência de 2 cm.

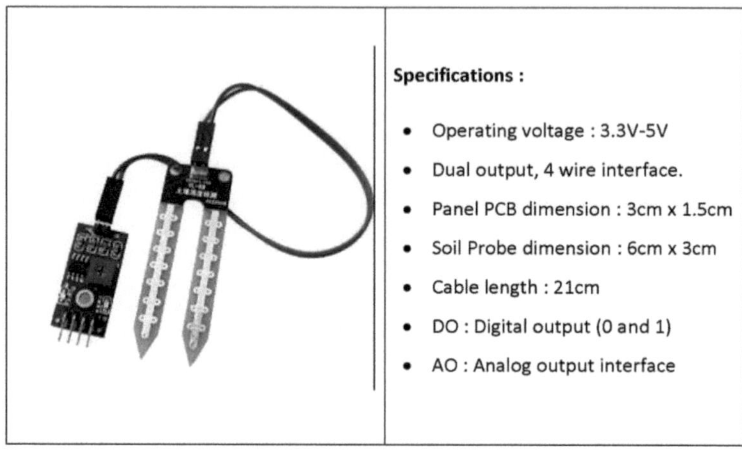

Figura 17. Sensor de humidade do solo

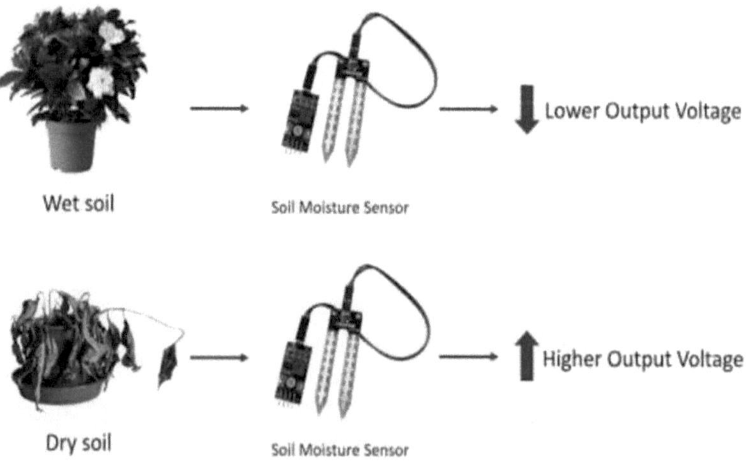

Figura 18. Níveis dos sensores de humidade do solo

1. Ao utilizar sensores de humidade do solo no campo, este sistema fornece água às plantas de acordo com as necessidades hídricas da cultura e funciona de acordo com o estado de humidade do solo na zona da raiz da planta. Isto leva à poupança de água, evitando o excesso de rega.

2. O sistema foi concebido para funcionar com energia solar, pelo que pode ser utilizado em zonas onde não há eletricidade disponível. Além disso, a utilização desta energia renovável não é afetada pela crise energética. Esta energia renovável

produz poucos ou nenhuns resíduos, como o dióxido de carbono ou outros poluentes químicos, pelo que tem um impacto mínimo no ambiente.

3. O sistema proposto controla a quantidade de água utilizada para irrigação nos campos agrícolas. Assim, reduz a pressão excessiva sobre os agricultores para que paguem uma tarifa adicional pela água. Para além disso, a irrigação controlada também poupa custos adicionais de bombagem de água e reduz as perdas de transporte e distribuição ao nível do campo. Além disso, o consumo de energia das bombas de água pode ser reduzido através de uma afetação eficiente da água com base nas necessidades hídricas das culturas.

4. Este sistema de rega automatizado alimentado por energia solar não necessita de mão de obra para funcionar. Este sistema inteligente pode detetar as condições de humidade do solo e funcionar automaticamente com base em condições de humidade predefinidas.

Figura 19. Configuração da experiência do sensor de humidade do solo

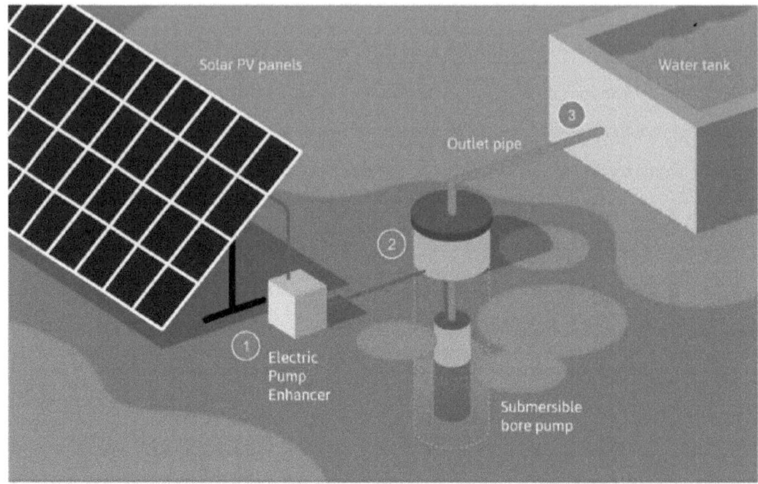

Figura 20. Sistema de rega automática alimentado por energia solar

CAPÍTULO - 4

RESULTADOS

Figura 21. Resultados que mostram

O sensor de humidade, que fornece uma saída de tensão em função do teor de água no solo, pode ser utilizado para medir a humidade do solo em linha. Se o solo estiver completamente seco, a saída de tensão do sensor será de 4,5 V e se o solo estiver completamente húmido, a saída de tensão será de 0,88 V. Assim, estes 4,5 V referem-se a 0% de humidade e 0,88 V referem-se a 100% de humidade.

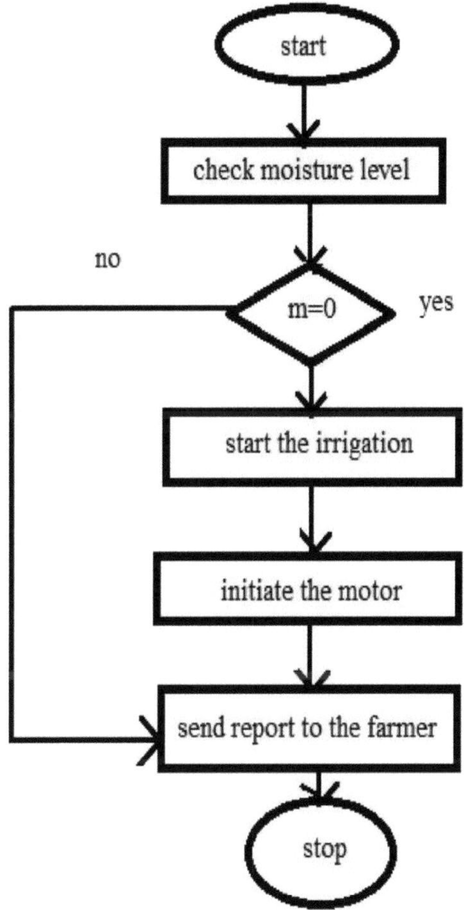

Quando o teor de humidade no campo agrícola é zero, o motor liga-se automaticamente e envia a informação ao agricultor através do módulo GSM. Quando o teor de humidade no campo atinge o valor pré-determinado, o motor desliga-se automaticamente.

CONCLUSÕES

Neste projeto, o controlo automático de conjuntos de bombas solares e o alerta por SMS foram discutidos de forma frutuosa. A ideia geral é que os utilizadores tirem partido das redes GSM globalmente implantadas, com o seu baixo custo de serviço SMS, para utilizar telemóveis e comandos SMS simples para gerir o seu sistema de irrigação. Para demonstrar a funcionalidade e o desempenho do sistema de controlo, o protótipo foi implementado e testado.

Os resultados mostraram que será possível aos utilizadores utilizarem o SMS para monitorizar diretamente as condições das suas terras agrícolas, programar as necessidades de água das culturas, controlar automaticamente a água e definir condições operacionais de controlo de acordo com as necessidades de água das culturas. Isto ajudará a minimizar o excesso de água nos custos de produção das culturas. Além disso, ajudará os utilizadores a tirar partido das redes GSM existentes para fornecer serviços de valor acrescentado.

Neste projeto, é proposto um modelo de irrigação automatizada com base em sensores alimentados por energia solar. Concebemos este modelo tendo em conta o baixo custo, a fiabilidade, a fonte alternativa de energia eléctrica e o controlo automático. Como o modelo proposto é controlado automaticamente, ajudará os agricultores a irrigar corretamente os seus campos. O modelo garante sempre o nível suficiente de água no solo. Assim, este sistema evita a sobre-irrigação, a subirrigação, a erosão do solo e reduz o desperdício de água. A energia solar fornece uma quantidade suficiente de energia para acionar o sistema. Para ultrapassar a necessidade de eletricidade e facilitar o sistema de irrigação para os nossos agricultores, o modelo proposto pode ser uma alternativa adequada.

A aplicação do sistema proposto traz vários benefícios, tanto para o governo como para os agricultores. Para o governo, é proposta uma solução para a crise energética e a escassez de água. A principal aplicação do sistema proposto é a irrigação de campos agrícolas. Também podemos aplicar este sistema em estações de investigação agrícola, estufas onde é necessário um controlo de alta precisão da humidade do solo. A utilização de energia solar no sistema proposto permite-nos utilizar este sistema em zonas remotas onde não há eletricidade disponível.

REFERÊNCIAS

[1] Garg, H.P. 1987. Advances in solar energy technology, Volume 3. Reidel Publishing, Boston, MA.

[2] Halcrow, S.W. e parceiros. 1981. Small-scale solar powered irrigation pumping systems: technical and economic review. Projeto PNUD GLO/78/004.

[3] Intermediate Technology Power, Londres, Reino Unido. A. Harmim et al., "Mathematical modeling of a box-type solar cooker employing an asymmetric compound parabolic concentrator," Solar Energy, vol.86, pp. 1673-1682, 2012.

[4] K. K. Tse, M. T. Ho, H. S.-H. Chung, e S. Y. Hui, "A novel maximum power point tracker for PV panels using switching frequency modulation," IEEE Trans. Power Electron, vol. 17, no.
6, pp. 980-989, Nov.2002.

[5] Haley, M, e M. D. Dukes. 2007. Avaliação da aplicação de água para irrigação residencial baseada em sensores. Reunião Internacional Anual da ASABE 2007, Minneapolis, Minnesota, 2007. Documento ASABE No. 072251.

[6] Prakash Persada, Nadine Sangsterb, Edward Cumberbatchc, Aneil Ramkhalawand e Aatma Maharajh, "Investigating the Feasibility of Solar Powered Irrigation for Food Crop Production: A Caroni Case", ISSN 1000 7924 The Journal of the Association of Professional Engineers of Trinidad and Tobago, Vol.40, No.2, pp.61-65, outubro/novembro de 2011.

Sobre os autores

O Dr. P. Umapathi Reddy trabalha atualmente como Professor no departamento de Engenharia Eléctrica e Eletrónica da Faculdade de Engenharia Sree Vidyanekithan e tem mais de 23 anos de experiência de ensino e 12 anos de experiência de investigação. Publicou 26 artigos de investigação internacionais. Orienta um total de 8 bolseiros em várias universidades. A sua área de investigação inclui sistemas de energia, sistemas de controlo e fontes de energia renováveis.

O Sr. K. Naresh está atualmente a tirar o doutoramento no departamento de EEE da JNTUA Ananthapuramu e trabalha como HOD-EEE e professor associado no departamento de Engenharia Eléctrica e Eletrónica da Faculdade de Engenharia e Tecnologia Usha Rama, autónoma. Concluiu o Mestrado em Sistemas de Controlo no IIT Kharagpur e o Bacharelato em Engenharia Eletrotécnica no VIIT. Tem 20 publicações internacionais. As suas áreas de investigação incluem Sistemas de Energia, Sistemas de Controlo e Fontes de Energia Renováveis.

yes I want morebooks!

Buy your books fast and straightforward online - at one of world's fastest growing online book stores! Environmentally sound due to Print-on-Demand technologies.

Buy your books online at
www.morebooks.shop

Compre os seus livros mais rápido e diretamente na internet, em uma das livrarias on-line com o maior crescimento no mundo! Produção que protege o meio ambiente através das tecnologias de impressão sob demanda.

Compre os seus livros on-line em
www.morebooks.shop

Printed by Books on Demand GmbH, Norderstedt / Germany